DOCUMENTS.

RELATIFS AU SOUFRAGE DES VIGNES

PAR LA MÉTHODE PRÉVENTIVE

ET AUX NOUVELLES PROPRIÉTÉS DU SOUFRE

DOCUMENTS

RELATIFS

AU SOUFRAGE DES VIGNES

PAR LA MÉTHODE PRÉVENTIVE

ET

AUX NOUVELLES PROPRIÉTÉS DU SOUFRE

PAR

M. A. VIALLES.

AVRIL 1858

TOULOUSE
TYPOGRAPHIE DE BONNAL ET GIBRAC
RUE SAINT-ROME, 46.

1858.

AVANT-PROPOS.

En octobre 1857, son Exc. le Ministre de l'Agriculture et du commerce, adressa à M. le Préfet de l'Hérault une série de questions explicites, relatives aux divers moyens de soufrage des vignes pour combattre l'Oïdium. M. le Préfet de l'Hérault mit en demeure la Société d'agriculture de l'Hérault de répondre à ces questions. Une délibération de cette Société chargea M. H. Marès de cette tâche.

Nous ne pouvons nous dispenser d'examiner les réponses, rédigées par M. H. Marès, aux questions du ministre de l'agriculture, et de faire nos observations ; de très puissants motifs nous en font un devoir.

Il est manifeste que le ministre veut être éclairé ; c'est donc un devoir de faire connaître des faits et des vérités que ce document ne mentionne pas;

Le caractère quasi officiel de cette pièce étant très dangereux pour les propriétaires qui hésitent encore et même pour ceux qu'il pourrait détourner de la bonne voie, il est indispensable de faire connaître les erreurs et les inexactitudes qu'il renferme, par insuffisance de renseignements sans doute;

Enfin une grande partie de ce document est une critique manifeste dirigée contre le système préventif ou préservatif que nous avons formulé, propagé et défendu depuis trois ans pour le grand bonheur de ceux qui l'ont suivi, et nous ne pouvons rester sous le coup de cette critique basée sur des principes faux qui, s'ils n'étaient combattus, pourraient faire le plus grand mal.

Nous allons donc donner cette réponse en entier pour ne pas en atténuer la valeur, et nous ferons nos observations à chaque question pour éviter la confusion.

RÉPONSE

AUX

QUESTIONS POSÉES PAR M. LE MINISTRE DE L'AGRICULTURE ET DU COMMERCE.

Montpellier, le 15 décembre 1857.

Monsieur le Préfet,

Vous avez communiqué à la Société d'Agriculture, dans votre lettre du 8 octobre dernier, une série de questions, concernant la maladie de la vigne, sur lesquelles Son Excellence le Ministre de l'Agriculture et du commerce désirerait avoir des informations précises.

Comme la Société d'Agriculture a fait étudier plusieurs de ces questions par des commissions spéciales, et qu'elle a institué, dans ce but, des recherches expérimentales dont les résultats ont été concluants, elle m'a chargé de vous transmettre les réponses suivantes :

1re Question. « *L'Oïdium a-t-il paru dans les vignobles du département ?* »

Réponse. L'Oïdium s'est montré, en 1857, dans tous les vignobles du département de l'Hérault.

2me Question. « *Dans le cas de l'affirmative, sur quelle étendue approximative de vignobles la maladie s'est-elle manifestée ?*

Réponse. Le vignoble du département ne pouvant être estimé à moins de *cent vingt mille hectares*, c'est sur une immense surface qu'elle a exercé son action. Si quelques points ont été réellement épargnés, ils sont en petit nombre et sans importance comparativement à l'ensemble.

3me Question. « *Quel est le chiffre des dommages ?* »

Réponse Le chiffre des dommages est difficile à évaluer ; car non seulement la maladie a été combattue sur une surface de vignes qui ne peut être estimée à moins de soixante et dix mille hectares, c'est-à-dire plus de la moitié du vignoble du département, mais encore son intensité s'est exercée à des degrés différents suivant le cépage, l'exposition et l'âge des vignes. Cependant les données suivantes peuvent jeter quelque jour sur la question.

Les vignes, dans lesquelles la maladie n'a point été combattue à l'aide du soufre, permettent d'apprécier approximativement le mal, en comparant leurs produits avec celui des vignes qui, dans le voisinage, ont été bien soufrées. Or, cette différence n'a pas été moindre du simple au double, et le plus souvent elle a atteint et dépassé la proportion de un à quatre.

On estime que la récolte de vin du département a atteint, en 1857, environ *un tiers* de la récolte d'une année ordinaire (soit à peu près un million d'hectolitres). Il est probable que, si toutes les vignes eussent été soufrées, leur produit eût excédé une forte demi-récolte, et que si les soixante-dix mille hectares qui ont été traités par le soufre eussent été abandonnés à l'influence de la maladie, la récolte n'eût guère atteint que le cinquième ou le sixième d'une année ordinaire. D'après ces données, le dommage causé par la maladie en 1857 varierait, au moins, de un sixième à un sixième et demi d'une récolte ordinaire, *soit de cinq cent mille à sept cent cinquante mille hectolitres* environ (une récolte normale, dans le département de l'Hérault, étant environ de trois millions d'hectolitres). D'autre part, le dommage qu'aurait causé la maladie, si elle n'eût pas été combattue sur plus de la moitié du vignoble, peut être estimé *à plus d'un million* d'hectolitres de vin, la force productive de l'année, abstration faite des effets de la maladie, étant estimée, comme je l'ai dit plus haut, à plus d'une demi-récolte, soit à dix-sept ou dix-huit cent mille hectolitres.

Nos observations. Ces données nous paraissent présenter une idée inexacte et amoindrie des ravages de l'oïdium dans le département. La proportion de 1 à 4 nous paraît au-dessous de la réalité; les propriétaires ayant soufré cette année préventivement pour la première fois et qui ont eu dix fois plus de vin qu'aux années précédentes sont innombrables. Le dommage a été plus grand encore pour ceux qui n'ont pas récolté du tout et pour ceux qui désespérant ont arraché ; ils sont nombreux.

Le chiffre de 500 mille hect., ou un sixième de récolte, donne une idée bien insuffisante des dommages; cette quantité influe d'ordinaire fort peu sur la production totale et sur les prix. Puis, on oublie la consommation locale dont l'influence est si grande sur les années disetteuses. M. A. Fould, actuellement Ministre d'Etat, l'évaluait à la tribune à 57 litres de vin par habitant pour notre département; c'est environ 211 mille hectolitres, qui, sur une production totale de 4 millions d'hectolitres, en sont le vingtième, et sur une production de 1 million d'hectolitres, en sont le cinquième.

En évaluant la production totale de 1857 à 1 million d'hectolitres, il ne reste donc plus que 800 mille hect. réalisables, qui, à la vérité et vu la grande cherté, ont produit des sommes énormes; mais ces richesses inouïes ont été depuis six ans perçues par les propriétaires épargnés ou par les heureux soufreurs peu nombreux sur la masse. Les autres n'en ont pas moins tout perdu.

La prospérité phénoménale des communes d'*Olonzac* et de *Quarante* n'a pas empêché les habitants de celle de *Fron-*

tignan d'être ruinés pendant cinq ans et d'être réduits à s'expatrier.

Voilà, croyons-nous, à quel point de vue et sur quelle base il fallait établir les évaluations pour donner une idée de la réalité. Il nous paraît fort peu importer au Ministre de savoir qu'on compte quelques heureux millionnaires de plus dans le département, si d'un autre côté il y a 100 mille cultivateurs en détresse qu'il faudra bientôt secourir, si par de mauvais conseils ils continuent à ne pas récolter.

4me Question. — « *Le soufre a-t-il été employé contre le mal, soit comme moyen préservatif, c'est-à-dire avant que les symptômes de l'Oïdium aient été constatés, soit comme moyen curatif, après la manifestation du mal ?* »

Réponse. — Le soufre a été employé dans un grand nombre de localités de deux manières; mais, dans tous les cas, il a toujours fallu l'employer *partout* comme moyen *curatif* dans le courant de l'été. Il est aujourd'hui bien démontré, par une expérience de quatre années consécutives, que son emploi préventif ou préservatif n'a pu empêcher l'Oïdium de faire son apparition dans les vignes malades, et qu'il est alors *indispensable* d'avoir recours à de nouveaux soufrages pour neutraliser les effets de l'invasion du parasite.

Nos observations. — *Partout* est inexact. Les soufreurs préventifs n'emploient jamais le soufre comme moyen *curatif.* Il se trouve parfois, à la vérité, curatif en leurs mains quand, dans le cours de leurs opérations préconçues et normales, il se rencontre des ceps épars atteints, auxquels ils ne font aucune attention ; mais leur but est la préservation des invasions générales de la maladie, ils n'en ont pas et en sont totalement à l'abri après leur troisième opération du 5 au 15 juillet. Ils n'ont donc pas à recourir à des soufrages curatifs en été.

5me Question. — « *Quels ont été les divers modes d'emploi de cette substance? Quel moyen a le mieux réussi?* »

Réponse. — Le soufre, ayant été employé sur une immense échelle, a été mis en usage de la manière la plus variée : par les uns, comme préventif; par les autres, comme curatif; par d'autres, comme préventif et curatif à la fois; bien des gens ont suivi leurs idées, sans adopter de méthode. L'expérience de cette année a donc été aussi complète que possible ; or, elle a prouvé et confirmé ce qu'on savait déjà :

1° C'est que le soufre, employé comme préservatif ou préventif, est impuissant à prévenir la maladie, puisqu'il n'a empêché nulle part l'Oïdium de paraître *à plusieurs reprises* dans les vignes malades traitées préventivement; et, dans ce cas, qu'il n'a point dispensé de nouveaux soufrages pour arrêter l'expansion du mal;

2° Que lorsque le soufre est employé trop tard comme curatif, c'est-à-dire lorsque l'Oïdium a fait invasion sur la vigne, et a eu le temps d'en altérer les surfaces vertes, ses effets sont incomplets : dans ce cas, une partie du mal a été faite et ne peut être réparée ;

3° Que la meilleure manière d'opérer consiste à surveiller l'invasion de l'Oïdium sur la vigne et à appliquer un soufrage complet dès les premiers symptômes de cette invasion; ensuite à renouveler les soufrages dans le courant de la saison, à mesure que de nouveaux symptômes d'invasion se manifestent; qu'en outre des soufrages pratiqués à mesure que l'Oïdium tend à se manifester, un soufrage opéré lors de la floraison donne d'excellents résultats, en favorisant la fructification et la végétation de la vigne; par conséquent, qu'il est toujours bon d'y avoir recours; que cette manière d'opérer, qui se prête à toutes les exigences de la pratique, est à la fois la plus sûre, la plus simple et la moins coûteuse.

Nos observations. — Il est vrai qu'on a soufré, en 1857, par une infinité de méthodes, mais il faut ajouter que frappée des grands succès incontestés des soufreurs préventifs, l'immense majorité, les neuf dixièmes environ des propriétaires ont soufré préventivement, dans un but de préservation, qu'il y eût ou non symptômes ou atteintes de maladie. Arrivons aux paragraphes formulés en axiomes.

1° Le soufre, dit-on, est impuissant à prévenir la maladie; il n'a empêché *nulle part*, etc. : Ceci est encore inexact; dans bien des vignes les soufreurs préventifs ne l'ont pas revue; et d'ailleurs, que leur importent ses velléités d'apparition puisqu'ils sont sûrs de la maîtriser et de ne pas perdre un seul raisin? — Nous coulerons à fond en son lieu cette pitoyable querelle de mots : *curatif, préservatif* et *préventif*, sur laquelle on s'est appesanti jusqu'à ce jour pour donner le change et ne pas convenir des choses et des faits.

2° Si le soufre est employé trop tard, c'est-à-dire lorsque l'oïdium a fait invasion sur la vigne, SES EFFETS SONT INCOMPLETS. Nous prenons acte de cet aveu précieux. Par quelle fatalité, à la suite de cet excellent axiome, en place-t-on un autre qui en est la négation et qui en outre présente des contradictions flagrantes?

3° La meilleure manière d'opérer, dit-on, est d'attendre l'apparition. Or, tout le monde sait aujourd'hui que les grandes invasions générales, les seules redoutables parce qu'elles détruisent le raisin formé, n'ont lieu que de fin juin au 20 juillet, et souvent font une irruption subite sans symptômes précurseurs.

Les expériences de la commission-Itier, insérées aux bulletins de la Société de Montpellier, constatent que dans deux jours les raisins présentaient, dans ce cas, des traces d'altérations *incurables*.

Si on attend l'invasion, il est donc impossible de guérir en grande culture, puisque dans les domaines médiocres il faut 8 à 10 jours pour faire l'opération, en supposant même qu'on ait aperçu l'invasion à son début et que tout ait été préparé et ordonné d'avance.

Conseiller d'attendre l'invasion, c'est donc conseiller de perdre la récolte en totalité ou en partie.

Après avoir donné ce conseil, on recommande un soufrage pendant la floraison, conquête de la pratique préventive depuis six ans dont les belles expériences de M. Cazalis-Allut en 1856 ont démontré l'excellence.

Il y a contradition évidente. Comment peut-on soufrer en juin et attendre l'invasion jusqu'au 20 juillet?

Le soufrage pendant la floraison est la pierre angulaire de la méthode préventive; reconnaissant son excellence, qu'on l'adopte quand même, c'est toujours louable. Mais cela n'autorise nullement à dire que la méthode qu'on présente est la plus simple et la *plus sûre*, même après y avoir fait cette puissante et excellente adjonction.

Si, en effet, après avoir opéré le soufrage pendant la floraison, on néglige celui qui complète le système de la méthode préventive, on sera atteint par les grandes invasions de l'oïdium en juillet, et le soufrage de juin aura été opéré en pure perte. On ne sera guère plus avancé que ceux qui, n'ayant pas soufré du tout, attendaient l'invasion. C'est ce qui est arrivé en 1857 à une foule de propriétaires; pour avoir supprimé par économie la troisième opération préventive, ils ont perdu la totalité ou grande partie de la récolte comme les soufreurs répressifs, et n'ont recueilli que du vin sulfureux à l'extrême.

La méthode qu'on propose est donc mauvaise et dangereuse même avec l'amélioration puissante qu'on y ajoute.

On le verra mieux bientôt, car nous allons entrer dans le vif de la question.

6me Question. — *« Quels ont été les effets produits par le soufre comme moyen préservatif?*

» Le mal a-t-il disparu complètement ou seulement en partie?

» A-t-on dû recommencer plusieurs fois les opérations? A quelles époques ces opérations ont-elles été exécutées? »

Réponse — Les effets du soufre employé comme moyen préservatif, c'est-à-dire comme moyen de prévenir la maladie et d'en empêcher l'apparition dans les vignes, ces effets sont nuls ou insignifiants. Il faut même ajouter que jusqu'à présent on ne connaît aucun moyen de prévenir dans les vignes l'apparition de la maladie. — Le soufre employé par ceux qui s'en servent comme d'un moyen préservatif agit comme agent curatif; et cela est si vrai qu'ils ont été forcés, pour en obtenir un effet utile, de l'employer aux mêmes époques que ceux qui s'en servent, en l'appliquant dès l'apparition des premiers symptômes de maladie.

Ainsi, quel que soit le nom qu'on donne au soufrage, il n'y a, à vrai dire, qu'une seule méthode efficace et rationnelle d'employer le soufre; la distinction de soufrage préservatif et de soufrage curatif n'a aucune raison d'être et ne repose que sur des mots; réellement cette distinction n'existe ni pour le praticien, ni pour le savant; elle n'aboutit qu'à une querelle de mots, ou mieux à une confusion de mots et avec eux à une confusion d'idées.

Si le soufre permet de combattre les mauvais effets de la maladie avec le succès le plus complet, il ne paraît point susceptible jusqu'à présent de la détruire radicalement. Ainsi, dans les vignes les mieux soufrées, celles où la récolte entière a été préservée chaque année depuis 1854 et dont la végétation est la plus florissante, l'Oïdium a constamment reparu tous les ans à la même époque que dans les autres vignes abandonnées à elles-mêmes.

Ce fait, ainsi que la nécessité de renouveler les soufrages à courts intervalles pendant la saison, est une preuve irréfutable que le soufre n'est point un préventif ou un préservatif de la maladie.

Ceux qui considèrent le soufre comme un moyen préservatif ont déclaré, en 1855, l'employer en pratiquant quatre opérations au moins : la première au mois d'avril, au moment où le raisin apparaît dans le bourgeon ; la deuxième au mois de mai, sans qu'il soit nécessaire de soufrer pendant la floraison ; la troisième et la quatrième au mois de juin ; on ajoutait encore des soufrages supplémentaires en juillet et après. L'année suivante, en juin 1856, ils ont modifié leurs opérations et ont déclaré opérer de la manière suivante : un premier soufrage dans la quinzaine qui précède la floraison (fin mai) ; un deuxième soufrage *pendant la floraison*, du 5 au 20 juin ; un troisième soufrage immédiatement après la floraison, c'est-à-dire du 25 juin au 10 juillet ; enfin, après ses trois soufrages, *si la maladie persiste*, ils soufrent ainsi une ou deux fois de plus jusqu'au moment où le raisin va vérer. (La véraison a lieu dans les vignobles de l'Hérault, suivant la précocité des espèces et la chaleur des années, du 5 au 20 août). Il est facile de voir que, dans cette méthode, le soufre n'est point employé comme préventif, puisqu'on y a supprimé *comme inutile* le soufrage du mois d'avril, le seul qui pût avoir ordinairement un caractère préventif. Si l'on en a obtenu de bons résultats, ils sont uniquement dus non à un soufrage préventif, mais à la multiplicité des soufrages nécessitée par la persistance du fléau.

Nos observations. Les trois premiers paragraphes sont relatifs à la querelle de mots ; il faut donc la vider une bonne fois.

Depuis 1845, quiconque l'a employé sait fort bien que le soufre qui détruit l'oïdium en végétation, n'empêche pas qu'il ne puisse reparaître *plus tard*, si l'on ne fait rien pour s'y opposer. Cette vérité est reconnue par tout le monde, et c'est un travail bien oiseux que de se donner tant de mal pour prouver un fait sur lequel il n'y a qu'une voix. Il est encore plus étrange de prétendre opposer cette argumentation aux soufreurs préventifs qui, en jetant le soufre à pleines mains en primeur depuis six ans sur les vignes, même non attaquées, prouvent qu'ils sont plus convaincus que personne de cette vérité banale, et qu'ils redoutent de voir reparaître la maladie. A ce point de vue, cette argutie n'a donc pas de sens.

Mais, à côté de cette propriété curative du soufre, il y en a une autre tout aussi incontestable et incontestée, celle d'empêcher, pendant un temps donné, que l'oïdium ne paraisse ou reparaisse sur les parties soufrées. C'est de cette propriété précieuse, qu'on n'avait pas remarquée ou utilisée, que nous avons tiré parti pour en faire la base de notre système préventif.

Nous n'avons pas à discuter ici les causes probables de cette préservation temporaire et celles de sa cessation ; il suffit de dire que tous les praticiens habiles, même ceux de la Société d'Agriculture et M. Marès lui-même dans tous ses écrits, ont constaté que le soufrage, tout en détruisant l'oïdium existant déjà, garantit les parties soufrées de nouvelle invasion pendant quinze à vingt jours ; d'où il suit, en déduisant les conséquences absolues de ce principe incontestable, qu'en soufrant une vigne tous les vingt jours, depuis le 15 avril, il n'y aura jamais d'oïdium sur les raisins, qui resteront parfaitement sains jusqu'aux vendanges.

Cette hypothèse, notre point de départ, est devenue un fait incontestable par les expériences réalisées depuis six ans sur plus de vingt mille hectares de vignes dans tous les terrains et dans tous les climats.

Le soufre a donc, quoi qu'on en puisse dire, deux propriétés bien distinctes :

La propriété *curative*, par la destruction de l'oïdium existant ;

La propriété *préventive* et *préservative*, en empêchant, pendant un temps donné, l'oïdium de s'établir sur les parties soufrées.

Comment peut-on soutenir, après cela, que cette distinction n'existe *ni pour le praticien ni pour le savant?*... Elle est un fait incontestable, et les faits sont au-dessus des théoriciens et de tous les savants du monde. On voit donc de quel côté sont les arguties et la logomachie.

Nous avons soutenu et nous soutenons plus que jamais, qu'administré selon les prescriptions de notre méthode que nous avons seuls formulée, le soufre devient *préventif* et *préservatif*, puisqu'il prévient toute invasion destructive et préserve sûrement, complètement, radicalement les récoltes, pour tant qu'il y ait d'infection dans les vignes et les vignobles qui entourent les vignes et même les souches isolées ainsi traitées.

Nos dénominations sont donc très exactes ; nous les avons choisies ainsi à dessein, pour bien établir la distinction radicale qui existe entre les divers systèmes et modes de soufrage. Nous avons voulu éviter, *dans les mots* et *dans les idées*, la confusion que les autres recherchent, et qu'en présence de l'évidence la plus accablante, ils voudraient en vain maintenir.

Le dernier paragraphe est une agglomération d'assertions habilement groupées dans le but de faire paraître des contradictions dans le système préventif, mais qui ont le tort, très grand dans un document aussi grave et aussi important, de n'être ni franches ni exactes. Il faut bien le prouver par un rapide exposé rétrospectif.

M. Laforgue eut son vignoble envahi par l'oïdium en juin

1852, pour la première fois, comme tous ceux de sa contrée. Doué d'une activité et d'une intelligence exceptionnelles, outre un grand nombre d'autres moyens curatifs, il essaya du soufre en poudre à sec. En trois jours, il en reconnut l'énergique propriété, et l'appliqua à toutes ses souches malades. Il en surveilla les effets, prêt à renouveler l'application si l'oïdium reparaissait, ce qu'il fit plusieurs fois, observant toutefois, avec un tact parfait et par des expériences comparatives, la propriété qu'avait le soufre de préserver les raisins d'invasion pendant quinze à vingt jours. Seul, dans sa contrée, il sauva complètement sa récolte.

En 1853, il appliqua à tout son vignoble ce système qui lui avait si bien réussi ; il s'empressa de soufrer préventivement, même les vignes non attaquées, en avril, en mai, en juin et en juillet. Après ce quatrième soufrage, l'oïdium fut vaincu et ne reparut plus. Succès complet, radical ; de ce moment, le système préventif était trouvé.

Même pratique et même succès absolu en 1854 ; les imitateurs et disciples de M. Laforgue, déjà nombreux, obtiennent le même admirable résultat au milieu de vignobles anéantis et perdus.

Même pratique en 1855. La commission officielle biterroise, nommée par le sous-préfet de Béziers, se rend sur le vignoble, constate au mois d'août l'état merveilleux des vignes et des raisins de M. Laforgue et de ses imitateurs ; M. Laforgue lui explique sa pratique *antérieure* des quatre soufrages qui lui a fait obtenir ces merveilleux résultats depuis quatre ans ; la commission les consigne dans son rapport officiel du 12 septembre 1855.

Cependant M. Laforgue, ainsi que d'autres intelligents viticulteurs toujours occupés d'améliorations, avait remarqué, par des expériences comparatives, qu'en supprimant le soufrage d'avril, on obtiendrait les mêmes résultats; que le premier soufrage en mai serait suffisant pour guérir les quelques ceps attaqués, et prévenir en même temps les invasions jusques au soufrage de juin.

Nous qui suivions avec attention toutes les pratiques, opérations et expériences de ces messieurs, dont nous leur donnions souvent l'idée, et qui par conséquent faisions des *observations directes,* non pas sur un seul domaine, mais sur dix à la fois, priés de formuler en doctrine les prescriptions de la méthode que nous avons qualifiée de *préventive* et *préservative,* en opposition à la méthode dite *répressive* reconnue mauvaise, nous ne prescrivîmes que trois soufrages, et l'admirable succès qu'ils ont obtenu partout, en 1856 et 1857, prouve que c'était un progrès réel.

Nous avons dévoilé les premiers, dans ce document, les merveilleux effets du soufrage pendant la floraison, reconnus depuis deux ans et consignés dans l'*Indicateur,* quand personne n'y avait encore songé.

On voit que cet exposé véridique était indispensable pour faire apprécier la nature des attaques dirigées contre nous.

Ainsi, on dit que d'abord, indépendamment des quatre opérations, nous ajoutions des soufrages supplémentaires *en juillet et après.* Ce n'est pas exact; les quatre soufrages *normalement* ont toujours suffi et donné des succès complets.

On n'a pas parlé alors de l'excellence du soufrage pendant la floraison, parce qu'il fallait l'observer pendant un ou deux ans, et en avoir la certitude par une masse de faits ; aussitôt que nous l'avons eue cette certitude, nous l'avons consignée, en avril 1856, dans notre méthode, dont les lenteurs de l'impression retardèrent la publication jusques au commencement de juin, mais nous l'avions déjà rendue publique ailleurs depuis plus d'un an.

On dit encore qu'outre les trois opérations normales, nous soufrons une ou deux fois de plus jusqu'au moment de la véraison, et on ajoute que la véraison a lieu ici au 20 août, pour donner à entendre que nous soufrons jusqu'à la fin d'août. Il y a là double inexactitude, et, ce qu'il y a de pire, inexactitude qui semble intentionnelle, puisque depuis plus d'un an nous avons relevé et démontré publiquement ces erreurs.

Dans notre désir que tout le monde récoltât et prît part au splendide festin dont nos habiles soufreurs préventifs profitaient seuls, nous prîmes la précaution de recommander une surveillance active et le renouvellement immédiat de l'opération, si, par une pluie trop forte, une tempête ou tout autre accident atmosphérique, dont, au reste, les inconvénients sont les mêmes, quel que soit le mode de soufrage qu'on adopte, l'oïdium faisait une apparition inattendue. Mais cette sage précaution ne change absolument rien au système des trois opérations, dont chacune a son importance capitale et rationnelle, système qui, normalement, et sauf ces accidents exceptionnels et très rares, a toujours donné les résultats les plus complets dans tous les terrains et tous les climats, en France et en Espagne.

Quand nous avons parlé de la véraison, nous avons entendu le moment où le grain, rapetissé par cette crise, devient translucide, et commence à prendre une teinte de couleur rouge. Or, il est normalement dans cet état ici du 20 au 25 juillet ; le proverbe antique du Languedoc en fait foi (1), et

(1) *Per la Mataleno, la nougo pléno, lou rasin baïrat, lou blat estrémat.* A la Madeleine (22 juillet), la noix pleine, le raisin véré, le blé enfermé.

de plus, il est de notoriété publique que, du 1er au 10 août, on porte chaque année, sauf de très rares exceptions, sur les marchés de toutes les villes du Midi, des raisins *mûrs* de divers cépages par innombrables charretées, ce qui prouve que la véraison a dû s'opérer du 20 au 25 juillet. Pourquoi donc, au mépris de ces faits incontestables, porter l'époque de la véraison au 20 août? Si ce n'est pour insinuer que nous soufrons *aveuglément* jusqu'à la fin d'août, intention qu'on rend plus manifeste encore en ajoutant que, si nous avons obtenu de bons résultats, *ils sont uniquement dûs à la multiplicité de nos soufrages;* que nous avons supprimé le premier soufrage *comme inutile*, tandis qu'il est notoire que nous ne l'avons fait que dans un but d'économie et de simplification, sachant que les pratiques agricoles ne peuvent être trop simples et trop claires.

Outre le tort moral qu'elles nous font, à M. Laforgue et à nous, par leur tendance à nous ridiculiser, à nous taxer d'ignorance et d'empirisme, ces inexactitudes ont pour effet évident d'induire en erreur l'administration, les corps savants et le public, ce qui est un tort très grave dans un document destiné à une grande publicité, et qui peut exercer par le fait une influence importante sur la fortune publique.

7me question. « *Quels ont été les résultats obtenus de la même substance employée comme moyen curatif?* »

Réponse. — On a obtenu du soufre les résultats les plus sûrs et les plus complets dans les exploitations rurales les plus considérables, en l'employant de la manière suivante :

1° Appliquer à la vigne un soufrage général, sur toutes les parties des ceps, dès les premiers symptômes d'invasion de l'oïdium, et renouveler cette opération dans le courant de la saison, chaque fois que les symptômes d'une nouvelle invasion se manifestent. — On empêche ainsi toute altération des surfaces vertes de la vigne malade.

2° Indépendamment de ces soufrages, en pratiquer un lors de la floraison. Ce dernier se combine ordinairement avec les autres, et n'accroît point le nombre des opérations. — On met ainsi à profit, en temps utile, la double propriété du soufre de détruire l'oïdium lorsqu'il entre en contact avec ses divers organes, et de donner une impulsion remarquable à la fructification et à la végétation de la vigne.

Dans la pratique, rien n'est plus simple à exécuter que cette méthode, car chacun connaît aujourd'hui les symptômes qui indiquent l'invasion prochaine de la maladie et l'époque approximative de ces invasions ; en outre, c'est celle qui exige le moins de main-d'œuvre et qui consomme le moins de soufre. Comme elle est basée sur l'observation directe des faits et l'étude du développement et de la végétation de l'oïdium, elle n'abandonne rien au hasard, et elle est générale, c'est-à-dire qu'elle se prête à tous les terrains, à tous les climats et à toutes les circonstances.

Voici un exemple de son application en 1827, en prenant pour le département de l'Hérault un des cas les plus ordinaires, celui des vignes plantées dans les bonnes terres. En général, le soufrage de la floraison a été pratiqué, le premier, du 5 au 20 juin. Les invasions de l'oïdium ne sont devenues générales que vers la fin de juin ou dans la première quinzaine de juillet ; à cette époque on a appliqué un deuxième soufrage. Pour un grand nombre de vignes, ce soufrage a été le dernier et a conduit le fruit jusqu'à la récolte. Dans les localités où une nouvelle invasion s'est manifestée, vers la fin de juillet ou le commencement d'août, on a opéré un troisième soufrage.

Dans les vignes plantées de Carignan, dans des terrains rocailleux, chauds et précoces, la maladie a paru plus tôt, par exemple dès le mois d'avril, comme à Frontignan ; on a dès lors opéré un premier soufrage à cette époque, et on a ensuite renouvelé l'application du soufre à mesure que cela a été nécessaire, en donnant un soufrage dans chacun des mois de mai, juin et juillet.

Dans le courant des années précédentes, les opérations ont été conduites à peu près de la même manière, et n'ont pas été plus nombreuses.

Dans la pratique ordinaire, il n'est pas de vigne qui puisse exiger pendant la saison plus de cinq à six soufrages. La plupart *n'en exigent que deux ou trois.* Enfin, en 1855, 1856, 1857, on a vu un nombre relativement considérable, de vignes jeunes, dans lesquelles *un seul soufrage*, pratiqué à la fin de juin, a suffi pour conserver intacts les ceps et la récolte.

Nos observations. — Nous allons les appliquer successivement à chaque alinéa, pour plus de clarté et pour éviter les répétitions inutiles.

L'expérience de *six ans* a prouvé qu'il n'y a de *sûre* et de *radicalement complète* que la méthode *préventive*. Quiconque s'expose à être atteint par les grandes invasions de juillet perd, en grande culture, une partie plus ou moins considérable des raisins existant sur les souches, pour tant qu'il multiplie les soufrages pour conjurer ce résultat fatal. Certains perdent, dans ce cas, les trois quarts de la récolte pendante, d'autres la moitié ou le quart, mais il y a toujours un certain nombre de raisins détruits. C'est *un fait* qui a été constaté dans tous les vignobles traités répressivement et même dans ceux des soufreurs répressifs les plus habiles ; il serait attesté par cent mille viticulteurs. — Or, on est exposé aux invasions par la méthode nouvelle qu'on conseille :

1° Cette méthode est la négation de tous les écrits répressifs recommandés jusqu'à ce jour ; elle est une imitation malheureuse de la méthode préventive, puisqu'elle laisse toujours l'opérateur exposé aux grandes invasions caniculaires. — Faire un soufrage général, parce qu'il n'y aura d'atteints que quelques ceps épars auxquels nous, soufreurs préventifs, nous ne faisons aucune attention, c'est soufrer *préventivement.* — Soufrer pendant la floraison quand même, c'est encore un emprunt fait à la méthode *préventive*, et la négation, disons-nous, des principes *répressifs* recommandés jusqu'à ce jour, pour le malheur des propriétaires, principes qui prescrivent de couper les ceps épars oïdiés et d'attendre l'apparition ou la réapparition ; ce qui exclut le troisième soufrage préventif, qui peut seul garantir des grandes invasions et assurer le succès complet. — Ce dernier soufrage est aussi essentiel que celui de la floraison ; les propriétaires qui ont perdu une grande partie de leur récolte pour l'avoir négligé sont innombrables.

2° On reconnaît ici que le soufre a deux ou trois propriétés distinctes : la curative ou répressive, et celles de donner une impulsion remarquable à la floraison et à la végétation ; c'est enfin une concession à la méthode préventive et un progrès, mais ce n'est encore qu'une partie de la réalité. Il est acquis depuis plusieurs années à la science et à la pratique viticole que le soufre a quatre propriétés merveilleuses bien distinctes :

— La propriété curative ou répressive, la seule connue et utilisée, depuis M. Kyle, par la généralité des soufreurs, la seule officiellement reconnue et recommandée jusqu'à ce jour.

— La propriété *préventive* et *préservative*, dont les effets merveilleux sont incontestablement établis et patents par les succès radicalement complets qu'elle a fait obtenir depuis six ans sur une immense échelle en France et à l'étranger : propriété qu'on a jusqu'à ce jour officiellement niée, combattue, et par conséquent tenue cachée ; ce qui est encore *un fait* incontestable.

— La propriété de donner une vigueur considérable au raisin pendant la crise importante de la floraison ; de faire mieux nouer le grain ; de préserver de la coulure par atonie ou par excès d'humidité, qui est la plus fréquente.

— Enfin, la propriété de donner une vigueur exceptionnelle à la végétation. Mais, entendons-nous, il ne s'agit pas ici seulement de la vigueur banale qu'acquièrent les feuilles et les sarments, reconnue par tous les soufreurs depuis 1847, bien qu'aucun système de soufrage, hors le nôtre, n'ait été établi en vue de l'utiliser, mais de la propriété de presque doubler la croissance des ceps et de diminuer de moitié environ le temps nécessaire pour que les plantiers soient en plein rapport. Découverte d'une portée agricole immense, et qu'on passe sous silence, bien que nous l'ayons signalée depuis deux ans, et que des milliers d'agriculteurs les plus honorables en aient vu les miraculeux effets sur les souches chez M. Laforgue, l'été dernier.

Il est déplorable que tous ces faits soient ignorés du ministre et de l'administration, dont les questions nettes et précises annoncent l'intention de tout connaître et de tout savoir.

Au lieu de signaler toutes ces découvertes et ces faits merveilleux, dont l'expérience a été faite sur une immense échelle et seraient authentiquement constatés par la moindre enquête, les quatre derniers alinéas ne parlent que de pratiques arriérées, contraires à tous ces progrès précieux, les niant, ne reconnaissant que la propriété curative du soufre, et donnant des notions fausses.

Ainsi on cite des exemples de pratique, de *Frontignan,* commune reconnue comme la plus maltraitée du département, où l'on n'a pas vendangé pendant cinq ans, bien qu'elle soit limitrophe de celles où les soufreurs répressifs les plus habiles ont leur domaine, circonstance qui prouve que les enseignements des voisins n'étaient ni concluants ni convaincants.

On dit donc que, dans les terrains rocailleux, chauds et précoces, comme à Frontignan, la maladie a paru dès le mois d'avril, laissant croire que cette précocité extrême d'invasion tient à la nature du terrain. C'est une idée démontrée fausse par une masse de faits innombrables.— Cette précocité exceptionnelle tient uniquement à l'état d'anéantissement de la souche par la maladie dans les années précédentes. Toute vigne qui n'a pas donné de récoltes dans ce cas pendant plusieurs années, dont les sarments étaient noirs et pitoyables, donne des bourgeons portant des traces d'oïdium dès la pousse, et doit subir un traitement spécial que nous avons indiqué dans notre méthode, et qui était ignoré dans toutes les autres.

Cette vigne, ainsi traitée, devient magnifique, porte des sarments très beaux et très sains aux vendanges, et rentre désormais dans l'état normal ; l'année suivante, la maladie n'y paraît pas plus tôt que dans les vignes ordinaires. — Dans dix communes avoisinant *Quarante*, il y a des terrains tout aussi rocailleux, chauds et précoces, qu'à *Frontignan*. Traités depuis plusieurs années préventivement, la maladie n'y paraît pas plus tôt qu'ailleurs.

Voilà encore des notions précieuses que nous avons signalées depuis trois ans, et qui ne peuvent se répandre comme il le faudrait, puisque les documents officiels propagent des doctrines tout opposées et qui induisent les propriétaires en erreur.

En parlant enfin de la pratique du soufrage, pour le besoin de la cause répressive, on se plaît à citer les quelques vignes que deux ou même un soufrage ont réussi à sauver. — Qu'on cite ces faits exceptionnels comme curiosité, nous le concevons. Au reste, ils n'ont rien d'étonnant; tout le monde connaît les bizarreries du fléau, et sait que de 1853 à 1856, au plus fort de l'infection, il s'est trouvé quelques vignes épargnées, quoique non soufrées : fait qui tient sans doute à quelque circonstance non aperçue. Mais il est déplorable de les citer dans les documents devant servir de guide aux agriculteurs portés en général à la lésinerie, et qui, comptant sur ces succès illusoires, peuvent s'exposer à perdre leur récolte.

Il nous paraît plus rationnel et plus sage, au lieu de ne dire qu'une faible partie de la vérité , de la dire tout entière ; au lieu de quelques rares exceptions, de parler de l'immense majorité. Le fait est que, si on recherchait par une enquête les propriétaires qui ont perdu leur récolte en totalité ou en grande partie pour avoir négligé le troisième soufrage préventif, pour avoir cédé aux funestes conseils d'économie de soufre, d'attente des invasions l'arme au bras, on serait effrayé du mal immense que fait la persistance à propager les mauvaises doctrines.

8me question. « *D'autres moyens ont-ils été mis en usage? Quels sont-ils? Quels ont été leurs effets comme moyen préservatif, comme moyen curatif?*

Réponse. — On a continué à expérimenter en dehors du soufre plusieurs moyens pour combattre la maladie de la vigne, mais jusqu'à présent on ne peut en signaler aucun qui ait été suivi de succès.

Le sel marin, dont il avait été question en 1856 dans le département du Gard, n'a pas donné de résultats satisfaisants.

La chaux en poudre, que plusieurs expérimentateurs se sont

obstinés à employer, a dû être abandonnée et remplacée par le soufre.

Mais parmi les moyens qui ont fixé l'attention publique en 1857, celui qu'on a désigné sous le nom de *procédé Bancillon*, mérite une mention particulière. Ce procédé a été annoncé comme infaillible et comme devant extirper radicalement la maladie.

L'auteur du procédé, un cultivateur de Sauve (Gard), nommé Bancillon, en faisait un mystère, et avait confié à deux banquiers le soin d'en faire l'objet d'une spéculation. Le secret mystérieux dont il était entouré, les annonces des journaux et les sollicitations directes d'un grand nombre d'agents lui avaient valu, avant qu'il fût divulgué, une certaine faveur dans le public. Aussi a-t-il été essayé sur une foule de points par les personnes qui s'étaient obligées à en faire usage dans leurs vignes et avaient souscrit, dans ce but, un engagement payable dans le cas où elles auraient réussi. Ce procédé, publié par les agents de l'auteur au mois de mai, consiste à enlever à chaque sarment, à l'époque de la floraison, un anneau d'écorce d'un centimètre de hauteur, au-dessus du nœud placé après le dernier raisin, et traiter de même les sarments stériles, au troisième nœud à partir de la base. La vigne est ensuite abandonnée à elle-même et cultivée comme à l'ordinaire.

Les résultats d'un pareil traitement ont été déplorables. Le moindre vent survenu après l'opération a brisé et abattu les sarments aux endroits opérés; les vignes paraissaient fauchées; leurs pampres étaient abattus et flétris comme par une tempête. Elles sont ensuite devenues languissantes, et, dans le cours de l'été, l'oïdium a sévi sur elles avec une intensité cruelle. La récolte y a été perdue, et les bois sont restés noirs et chétifs. Le souvenir du procédé Bancillon restera longtemps comme une leçon dans la mémoire de ceux qui lui ont accordé quelque confiance. L'échec complet dont son emploi a été suivi n'a fait que rehausser davantage les bons effets du soufre sur les vignes, et a contribué à en répandre l'emploi.

Vous trouverez, Monsieur le Préfet, dans la collection des *Bulletins de la Société d'Agriculture*, pour les années 1855, 1856 et

1857, tous les documents et tous les détails qui confirment les faits et les opinions exprimées dans cette lettre (1), en réponse aux questions de la lettre de Son Excellence le ministre de l'agriculture et du commerce.

Agréez, Monsieur le Préfet, l'assurance de mon respectueux dévouement

H. MARÈS.

Nos observations. — Les procédés indiqués ne sont pas les seuls dont la propagation obtenue par les mêmes moyens a produit le plus grand mal, en exploitant la crédulité des propriétaires et les détournant de la bonne voie. Parmi ces nombreux procédés nous citerons le système *Delpy* qui consiste en une application sulfureuse sur les racines des souches ; le système *Prat* qui prescrit le pincement des ceps quatre fois répété de mois en mois ; la poudre magnésienne qui n'a dû les quelques succès éphémères qu'elle a obtenus qu'à la portion de soufre qu'elle contient. On a proposé en outre plusieurs souscriptions à des remèdes prétendus infaillibles dont le secret devait être, comme celui du procédé Bancillon, dévoilé aux souscripteurs.

Aucun de ces procédés n'a réussi, il est vrai, mais la récolte des vignes sur lesquelles ils ont été expérimentés n'en

(1) Voyez : ANNÉE 1855. — *Des moyens de combattre la maladie de la vigne, emploi du soufre*, etc. ; par M. H. Marès. Pag. 53 et suiv. — *Note sur le soufrage des vignes* ; par M. Bouscaren. Pag. 155 et suiv.

ANNÉE 1856. — *Action du soufre en poudre sur la maladie de la vigne* ; par M. H. Marès. Pag. 45 et suiv. — *Mémoire sur la maladie de la vigne* ; par M. H. Marès. Pag. 165 et suiv. — *Rapport de la commission de la Société d'Agriculture chargée de l'examen de la question du soufrage de la vigne* ; par M. J. Itier. Pag. 357 et suiv. — *Expériences comparatives faites sur le soufrage des vignes en 1856* ; par M. Cazalis-Allut. Pag. 411 et suiv.

ANNÉE 1857. — *De l'action du soufre sur la végétation* ; par M. H. Marès. Pag. 30 et suiv.

n'a pas moins été perdue quand elle aurait pu être sauvée sûrement; et le pire effet moral de la propagande effrénée de ces moyens, c'est de faire croire que la manière de préserver les récoltes avec un succès facile, indubitable et radicalement complet, n'est pas encore trouvé, ce qui peut perpétuer indéfiniment l'ignorance et l'incrédulité.

Les moyens curatifs proposés et essayés depuis 1846, peuvent être divisés en deux grandes catégories :

Ceux qui ne peuvent réussir ni en grande ni en petite culture, et qui sont reconnus radicalement mauvais; comme, par exemple, le flambage, le buttage, l'enterrage, la chaux, le plâtre et beaucoup d'autres qui n'ont jamais donné que des résultats négatifs ou tellement précaires et minimes, qu'on doit attribuer ces succès partiels et éphémères à des circonstances fortuites et inconnues ;

Et ceux qui, pouvant réussir en petite culture et sur des pieds de vigne spécialement placés, exigent une surveillance excessive de la part de l'opérateur, mais qui sont reconnus impraticables en grande culture, soit par l'impossibilité de l'application générale résultant de la position des grappes, soit par les soins minutieux qu'ils exigent et qu'on ne peut attendre des ouvriers de la campagne, soit enfin par l'énormité des frais qu'ils entraînent. De ce nombre sont les sulfures liquides, et tous les composés chimiques administrés par lotions ou immersions des raisins. De ce nombre encore, pour choisir un exemple de tout autre genre, est le brossage de Catany. Il est clair, en effet, que si, comme le fit au reste l'inventeur, on se place en faction dès la pousse devant une treille ou devant quelques pieds de vigne, si on surveille chaque jour avec une attention minutieuse, se tenant prêt à détruire avec la brosse les moindres apparitions de l'oïdium jusqu'aux vendanges, on aura complètement préservé la récolte des pieds de vignes surveillés. Le ridicule de cette hypothèse dispense de tout autre explication.

Dans cette dernière catégorie doivent être compris encore tous les systèmes de soufrage publiés depuis Kyle, qui n'assurent pas une préservation radicale de la récolte par un procédé applicable à tous les genres de vigne et de cépages, dans tous les terrains et tous les climats, en grande et en petite culture ; car c'était là le grand problème à résoudre et celui qu'une expérience constante sur une immense échelle, pendant six années consécutives, a prouvé avoir été résolu par la méthode préventive seule entre toutes.

Kyle, MM. Duchartre, Gontier, Rose-Charmeux ont, en effet, réussi, nous le savons, à sauver les vignes qu'ils ont traitées, mais il n'en est pas moins vrai que, si on suivait ici leurs systèmes les plus perfectionnés, formulés par la société d'horticulture, par M. Victor Rendu dans son rapport et par M. Dubreuil à Carcassonne, on perdrait certainement dans nos contrées presque toutes les récoltes vinaires. On obtiendrait aussi un pitoyable résultat général si on suivait les prescriptions formulées dans le document que nous examinons aujourd'hui, quelques améliorations qu'on y ait ajoutées, parce qu'il manque par la base ; il ne reconnaît pas la propriété préventive et préservative du soufre qui est un fait incontestable ; il expose l'opérateur aux invasions de juillet qu'on ne peut plus alors guérir complètement en grande culture ; des milliers d'exemples l'ont prouvé cette année.

Après ce qui précède, il est évident que la propagande de toutes les méthodes autres que la bonne, autres que celle qui seule peut complètement réussir, fait le plus grand mal en détournant de la bonne voie les propriétaires qui hésitent encore, et les plus dangereuses sont naturellement celles qui ont été l'objet de grandes récompenses et qui sont hautement recommandées. Qu'il soit bien entendu que nous ne prétendons ni blâmer ni critiquer ces distinctions, nous les approuvons au contraire ; quand la vérité était cachée, dédaignée ou inconnue, elles étaient la juste récompense de travaux qui, en l'absence d'autres notions, étaient un véritable progrès ; mais quand la vérité est connue et authentiquement constatée, propager et soutenir ces doctrines arriérées qui peuvent faire perdre les récoltes, est un véritable fléau.

Ce fléau, on le remarquera, est d'autant plus redoutable que les propagateurs trouvent dans l'exhibition de l'effigie des médailles, dans la haute position des recommandants et dans l'appel fait à la lésinerie, ce vice éternel des agriculteurs des campagnes, de très puissants moyens d'action dont l'effet est le plus souvent infaillible. Il est clair qu'en présentant aux agriculteurs, avec ces recommandations, ce mirage de la possibilité de la guérison en un seul ou deux soufrages, on devra nécessairement entraîner la grande majorité.

Qu'arrive-t-il? Pour économiser deux ou trois cents francs de soufre, ils perdent quatre ou cinq mille francs de vin, perte immense pour eux, pour le consommateur et pour l'Etat.

Cependant le document officiel que nous examinons renvoie le public à une infinité d'écrits antérieurs qui donnent ces mauvais conseils et beaucoup d'autres que les faits incontestables ont prouvé être encore pires. Il faut bien démontrer combien ces doctrines sont mauvaises et dangereuses, le prouver par des faits sur une très grande échelle que nous garantissons exacts et dont l'administration peut très facilement vérifier l'exactitude, quand elle le voudra, par les moindres enquêtes, comme l'a fait l'excellent et éminent préfet de la Haute-Garonne.

Nous connaissons tous les désavantages de notre position. Nous savons que deux systèmes opposés étant en présence, l'un n'ayant pour lui que la vérité, la raison et les faits étouffés, niés et tenus cachés, l'autre ayant pour lui le prestige de hautes récompenses obtenues, de positions spéciales officielles, de puissantes recommandations dans les corps savants, le dernier devra conserver la prépondérance jusqu'à ce qu'enfin la mise en lumière de la vérité, de la raison et des faits, fasse évanouir ces prestiges, et change la conviction erronée des puissants recommandants. C'est donc un devoir pour quiconque veut sincèrement le bien public de faire tomber tous ces prestiges illusoires et de mettre à nu la réalité.

Le document officiel adressé au Ministre, et par conséquent au public, renvoie, on l'a vu, à beaucoup d'écrits publiés en 1855 et 1856. Nous exceptons d'abord de ces documents, l'excellent Mémoire de M. Cazalis-Allut, relatif aux belles et ingénieuses expériences qu'il a faites en 1856, concurremment avec M. le docteur Frédéric Cazalis. M. Cazalis-Allut, éminent théoricien et praticien, est loin de partager toutes les erreurs que nous combattons. Il a reconnu le mérite de M. Laforgue et a été plus loin : il a dit et publié dans le Bulletin de la Société d'Agriculture qu'on invoque, « qu'il est fâcheux que M. Marès n'ait pas fait un ou deux » ans plus tôt la visite qu'il fit au domaine de M. Laforgue » en décembre 1854 ; que le Midi aurait pu sauver deux » ou trois récoltes qui'il a perdues. » C'est assez explicite en peu de mots.

Or, la récolte moyenne *du département de l'Hérault seulement* étant de trois millions d'hectolitres, ces trois récoltes auraient pu fournir un total de neuf millions d'hectolitres qui, au prix moyen de ces trois années d'environ vingt-cinq fr. l'hectolitre, auraient donné **DEUX CENT VINGT CINQ MILLIONS** de francs, pour le département de l'Hérault seulement.

Qu'on fasse les réductions qu'on voudra, nous ne posons ces chiffres évidents que pour prouver la grande gravité de cette question que nous discutons avec une persistance acharnée depuis trois ans, et que tant de gens regardent avec indifférence, sinon avec un dédain absurde.

Si, en effet, on considère que le département de l'Hérault est un point dans la masse des vignobles du Midi et du monde entier ravagés par l'oïdium, on pourra se faire une idée du bien fait par M. Laforgue et du nombre effrayant de *millions* que la viticulture générale et les consommateurs ont perdus à ce que les doctrines que nous défendons n'aient pas été reconnues et non repoussées, dédaignées et combattues depuis trois ans.

Après cette exception et ces observations nécessaires, tous les écrits auxquels renvoie le document sont entachés de doctrines fausses, dont la pratique doit nécessairement causer des pertes immenses à ceux qui les suivront. Nous n'essayerons pas de relever tout ce qu'ils contiennent de répréhensible dans les détails au point de vue de la science actuelle du soufrage, nous nous bornerons à signaler six vices capitaux qui suffiront pour montrer le grand danger de leur recommandation. Sachant, nous l'avons déjà dit, que dans l'état actuel nos assertions personnelles n'auraient pas le crédit convenable, nous les appuierons sur des faits, sur des masses de faits incontestables dont il suffira de vérifier l'exactitude. Voici donc ces points capitaux :

1° Ces écrits ne reconnaissent que la vertu curative du

soufre et recommandent de ne soufrer qu'à l'apparition de la maladie.

C'est le principe fondamental, et sur ce point ils ne sont pas plus avancés que tous les soufreurs depuis *Kyle* qui ont tous fait ainsi. Sans doute ce procédé, comme nous l'avons dit du brossage Catany, peut réussir à *préserver* la récolte, s'il est pratiqué le jour même ou le lendemain au plus de l'invasion, et à la condition seulement que les invasions successives se déclareront avant que le grain de raisin ne soit déjà gros ; car si elles se déclarent seulement 20 à 25 jours après que le grain a noué, le succès *complet* est impossible comme dans tous les autres cas. En thèse générale toute vigne qu'on expose aux grandes invasions qui se déclarent le plus souvent quand le raisin est déjà gros, ne peut être guérie complètement ; on peut sauver un nombre plus ou moins grand de raisins, selon que l'on multiplie plus ou moins les soufrages, mais il y aura toujours un certain nombre de raisins détruits par l'oïdium. Il en sera toujours ainsi, parce que ce résultat fatal tient à des causes physiques de physiologie végétale et non à des causes théoriques (1).

(1) Dans une lettre publiée par le journal *le Languedocien*, le 12 juillet 1857, M. Marès disait : « que l'oïdium se montrait *partout* et que ses propres » vignobles n'étaient pas épargnés... qu'il ne fallait pas s'en effrayer ; qu'on » applique sans retard un soufrage et qu'on le fasse avec soin ; *la maladie* » *sera vaincue.* » — En prenant acte de cette invasion, nous répondîmes dans *l'Indicateur* du 17 juillet que nos soufreurs préventifs, ayant terminé leur troisième soufrage n'avaient pas de maladie et n'en auraient pas ; qu'ils avaient enfermé leurs soufroirs et que leur récolte était assurée. Nous engagions tout le monde à vérifier la magnificence de leurs vignes et de leurs raisins. Nous ajoutions qu'ils se riaient de ces invasions et qu'ils allaient être témoins des efforts désespérés des soufreurs répressifs pour obtenir cette guérison prétendue si facile.

Ces efforts ont abouti à des dépenses énormes de soufrages multipliés jusques à la fin d'août et aux premiers jours de septembre, que nous avons constatés à mesure dans *l'Indicateur*, et tout cela sans résultat. Dans un grand domaine situé dans notre banlieue où l'on récoltait autrefois de dix à douze mille hectolitres de vin, on avait attendu l'invasion, conformément à la

S'il en est ainsi, même en petite culture, à plus forte raison dans les vignobles envahis à cette époque et où le soufrage ne peut être effectué qu'en dix et douze jours, en supposant même que l'invasion y ait été aperçue immédiatement et qu'il n'y ait pas de dérangements atmosphériques.

Le rapport des expériences solennelles de la commission-Itier constate qu'une vigne envahie le 30 juin présentait, en peu de jours, sur les raisins, des traces d'*altérations incurables*, et que n'ayant pas été soufrée elle fut perdue, tandis que la parcelle égale, voisine dans la même pièce et qui avait été soufrée *préventivement* vingt jours avant l'invasion, fut immédiatement guérie par un seul soufrage.

Or, s'il en est ainsi pour une invasion précoce, que serait-ce pour les invasions du 10 au 20 juillet bien autrement redoutables ?

Voilà un fait officiel constaté par les savants et qu'on ne récusera pas. Si on veut en recueillir sur une grande échelle, on en trouvera partout par centaines et par milliers. Tous ceux qui se sont exposés aux invasions caniculaires, soit en négligeant le troisième soufrage de la méthode préventive, soit en les attendant l'arme au bras selon les prescriptions de la méthode répressive, ont perdu une partie plus ou moins grande de leur récolte ; il n'y en a pas un seul qui n'ait eu en grande culture un nombre plus ou moins grand de raisins gâtés.

Enfin les deux commissions officielles de Toulouse ont

méthode répressive ; on a fait des dépenses énormes de soufre et de main-d'œuvre et on n'a pu sauver que mille hectolitres de vin environ, en partie rebutés par les acheteurs comme empestés de goût de soufre.

C'est un fait de notoriété publique connu de tout le monde.

A. V.

constaté, dans leur visite d'enquête sur tout le vignoble, des résultats absolument les mêmes.

Cette doctrine fondamentale qui consiste à attendre l'invasion est donc essentiellement mauvaise, et suffirait seule pour ruiner tout le système.

2o Ces écrits nient la propriété préventive et préservative du soufre, et la combattent.

C'est nier la clarté du soleil; et ici on n'a pas à entrer dans des discussions. Il est incontestable que, situé et enclavé au milieu des vignes les plus infectées du midi, le vignoble de M. Laforgue a été absolument PRÉSERVÉ par lui pendant six années consécutives, qu'il n'a jamais eu de raisins gâtés, ni de vin ayant le goût de soufre.

Il n'est pas moins incontestable que les milliers de propriétaires qui ont fait comme lui ont obtenu absolument les mêmes résultats.

Enfin, les deux commissions officielles de Toulouse ont constaté le même succès radical dans tous les vignobles traités selon les prescriptions de notre méthode préventive. Il a été le même en Espagne; ce qu'aucune autre méthode de soufrage n'a pu obtenir en grande culture (2).

(2) Voici les termes textuels du rapport de ces commissions :

« Nous allons vous entretenir du premier vignoble que nous avons visité, celui de M. Mather, dans la commune de Blagnac. Nous ne saurions d'ailleurs mieux choisir, car il peut servir de type et de modèle. L'opération du soufrage y a été faite avec le plus grand soin, constamment surveillée et à trois reprises; la première, du 26 mai au 6 juin; la seconde, du 22 juin au 4 juillet, et la troisième du 13 au 25 juillet. On y a employé le soufre trituré, répandu avec le soufroir Laforgue. Les résultats ont été magnifiques. Toutes les vignes de M. Mather présentaient, lors de notre visite au commencement de septembre, une végétation vraiment luxuriante, et les raisins abondants y étaient dans un parfait état de conservation, sans la moindre trace de maladie, tandis qu'à côté, des vignes non soufrées en étaient fortement atteintes. Après ces détails sur le vignoble de M. Mather, il nous suffira de dire que dans les diverses localités où nous nous sommes transportés, les mêmes procédés ont

3° Ils conseillent de couper les ceps oïdiés en primeur.

C'est une barbarie déplorable qui se traduit en faits et a causé des pertes immenses au midi en 1857. Nous citerons spécialement les communes de Sérignan dans notre banlieue et de Peyriac-de Mer près Narbonne, où l'on a ainsi beaucoup vendangé en avril; mais partout cet absurde conseil a trouvé des crédules qui l'ont suivi et en ont éprouvé des pertes déplorables.

La méthode *préventive* ne sacrifie aucun cep. Ils poussent tous également; tous les raisins qu'ils portent, mûrissent parfaitement sains jusqu'aux vendanges.

4° Ils conseillent l'usage des mauvais instruments et du soufre sublimé.

Ces écrits, en effet, recommandent le soufflet Vergnes et d'autres instruments repoussés depuis trois ou quatre ans par l'immense majorité des propriétaires praticiens qui sont les meilleurs juges et dont beaucoup les ont abandonnés pour adopter le soufroir Laforgue. La moindre enquête démontrerait, et tous nos fabricants de ces divers instruments qui depuis trois ans en fournissent par masse non seulement dans le midi mais à l'intérieur et à l'étranger le certifieront, qu'on a fabriqué au moins vingt soufroirs Laforgue pour un

obtenu les mêmes succès. — Puis on cite un grand nombre de propriétaires qui sont dans ce cas.

Nous ferons observer que tous ces procédés sont littéralement ceux de notre méthode préventive, si l'on tient compte que la végétation de la vigne est toujours de dix à douze jours plus retardée à Toulouse que dans nos contrées. Nous ajouterons que MM. Mather, Boquet, Caseneuve et bien d'autres qu'on cite comme ayant obtenu les plus beaux succès, sont des abonnés de l'*Indicateur*, dont ils ont appliqué avec autant d'intelligence que de louable résolution et de bonheur les persistantes doctrines.

M. Frédéric Lignières, le remarquable et intelligent secrétaire de la Société Centrale d'agriculture de la Haute-Garonne, les adopta complètement, dans les importants et lumineux rapports qu'il a publiés en 1856 et 1857.

A. V.

soufflet quelconque. — De cet instrument presque généralement adopté, on n'en dit pas un mot, ou on le proscrit !

On prescrit le soufre sublimé, conseil qui, s'il était suivi, entraînerait la perpétuité des exactions scandaleuses que nous avons vues en 1856, où l'industriel percevait sur l'agriculteur un bénéfice cinq et six fois plus fort que le bénéfice normal et honnête. Le sublimé qui, le soufre brut étant à 15 fr., n'aurait dû valoir que 24 à 25 fr., se vendait jusques à 65 et 70 fr.

Ce n'est que depuis que nous avons dévoilé en automne 1856, les mystères de ce commerce inconnus alors, depuis que nous avons dévoilé que le soufre brut trituré produit le même effet que le sublimé, qu'une infinité d'usines de triturage se sont établies et que cette industrie est devenue enfin régulière ; c'est-à-dire, que chaque qualité de soufre manufacturé se vend à un prix de revient normal et honnête.

De ces choses d'un intérêt si grave, ces écrits n'en disent pas un mot et laissent les lecteurs dans l'ignorance primitive.

5° La méthode répressive, même perfectionnée, exige une surveillance continuelle du propriétaire pendant cinq mois au moins.

En effet, si on attend les invasions, elles peuvent arriver depuis la pousse jusqu'au 15 août. On a vu beaucoup de vignes saines jusque là subitement envahies à la fin de juillet ou en août.

Le soufreur préventif ne s'occupe de la maladie que du 20 mai au 10 juillet environ, c'est-à-dire pendant cinquante jours ; passé cette dernière époque, normalement il enferme ses soufroirs jusqu'à l'année prochaine ; sa récolte est sauvée, il n'a plus à s'occuper que des vendanges.

Ces écrits ne disent pas un mot de M. Laforgue, ni des faits d'une portée immense qui se sont produits dans notre département depuis six ans.

Ceci est le reproche le plus grave qu'on puisse leur adresser, car outre l'injustice, il y a non divulgation ou retard de publications de découvertes précieuses d'un très-grand intérêt pour la viticulture entière, nous devrions même dire pour l'agriculture générale, et qu'on ne saurait trop se hâter de divulguer, par la raison qu'elles peuvent conduire à des découvertes plus grandes encore.

Nous sommes ici, nous le savons, sur un terrain difficile; mais bien que nous ayons été mal traités, on l'a vu, nous ne nous départirons pas de la marche que nous nous sommes tracée. En évitant avec soin toute polémique personnelle, qui serait sans doute notre plus grande force, nous ne parlerons que des faits et des renseignements agricoles incontestables

En attendant, on doit voir déjà par ce qui précède combien les doctrines dont nous parlons sont mauvaises et dangereuses, combien il est fâcheux de les recommander hautement, et combien elles doivent faire perdre de récoltes que l'administration paraît vouloir sauver, à en juger par les questions nettes et précises de son Exc. le Ministre de l'agriculture et du commerce.

Pour avoir une idée nette de ce que nous allons dire, il convient de jeter un coup d'œil rétrospectif et rapide sur la position de la question du soufrage ou de la préservation des vignes jusques en 1855

Il est notoire que depuis *Kyle* jusqu'à la publication de notre méthode préventive, la généralité de ceux qui ont pu préserver les vignes pendant ces dix années, depuis l'apparition du fléau, n'ont employé le soufre et les agents chimiques que *curativement*. M. de Lavergne de Bordeaux seul avait pressenti en 1853 et 1854 la propriété préventive du soufre, dans des mémoires adressés aux sociétés agricoles de la Gironde, mais sans l'application en grand et sans en faire un système spécial.

Dans le midi on était bien moins avancé ; cependant l'oïdium avait fait sa première apparition dès 1851 à Lunel et à Frontignan. Pour connaître combien on était arriéré sur cette question, il n'y a qu'à consulter les bulletins de la société d'agriculture de Montpellier auxquels on renvoie ; on verra que, jusques au premier semestre de 1855, on y doutait encore de l'efficacité du soufre comme moyen curatif. Quelques rares et chauds partisans de l'efficacité en étaient il est vrai convaincus, mais ne pouvaient fournir de preuves bien concluantes de la possibilité de l'application en grande culture. Ils n'avaient fait d'essais jusques-là, en 1853 et 1854, que sur quelques hectares de vigne, en même temps qu'ils essayaient de trente et quarante autres moyens curatifs divers ; ce qui prouve qu'ils n'étaient pas sûrs de l'efficacité radicale du soufre, car ils n'auraient pas perdu leurs récoltes, et des récoltes qui en valaient chacune dix à cause du prix du vin, s'ils avaient connu le moyen indubitable de les sauver.

Tel était donc l'état de la science du soufrage dans le midi ; ce n'est qu'en août 1855, que parut tout à coup le mémoire couronné depuis par la société centrale de Paris. Nous ne dirons rien de tout ce qui se rattache à cette publication. Encore une fois, nous ne parlons que des faits agricoles incontestables.

Or, pendant que tout ceci se passait à Montpellier, M. Laforgue était envahi par la maladie pour la première fois en 1852, comme toute sa contrée. — Il essaye immédiatement de beaucoup de moyens indiqués précédemment, et le hasard lui fait essayer du soufre en poudre dont il ne connaissait pas l'efficacité. Il a donc découvert aussi en réalité l'efficacité du soufre. Il n'a jamais élevé de prétentions à cet égard sans doute, ayant su depuis que la priorité était à Kyle ou à d'autres, mais ce n'est pas une raison pour taire cette circonstance ; on le doit, ne serait-ce que pour prouver son intelligence d'observation qu'on a tant niée.

De tous les moyens employés, il vit bientôt en quelques jours que le soufre était le seul efficace ; il courut accaparer tout le soufre qu'il put trouver à Narbonne et à Béziers, l'appliqua à toutes ses vignes malades, examinant avec soin les phases de la guérison et la propriété préservatrice ; son succès fut complet.

Nous avons déjà dit la série de ses succès toujours radicaux jusques en 1857. Mais nous n'avons pas dit ce qu'il fit pour la propagation ; le voici :

Aussitôt ses vendanges si bien réussies, il s'empressa d'en prôner le succès ; dès 1853, il courut chez une infinité de propriétaires de la contrée, qui le certifieront, pour les engager à l'imiter s'ils ne voulaient perdre leur récolte ; il fit quelques prosélytes, surtout du côté d'*Olonzac*, qui réussirent comme lui.

Ces exemples, joints au sien en 1853, lui procurèrent un bien plus grand nombre d'adeptes en 1854. A tous ceux qui venaient le voir, il expliquait sa manière d'opérer, il montrait ses raisins, ses sarments et son vin, qu'il comparait avec ceux de ses voisins qui ne voulaient pas soufrer.

Dans son ardeur de propagande, il fut jusqu'à proposer aux propriétaires pauvres qui n'avaient pas vendangé depuis deux ans et ne pouvaient acheter le soufre, de leur en faire l'avance gratuite, sous seule condition de restitution après les vendanges qui valaient à ces malheureux des fortunes. Ce sont des faits qui seraient certifiés par toute la contrée.

Ce n'est pas tout, de 1854 à 1856, il s'est rendu de sa personne dans une infinité de domaines presque ruinés par la maladie, pour y diriger lui-même les soufrages et a fait gagner de très grosses fortunes aux propriétaires de ces domaines; et tout cela sans rétribution aucune et avec l'abnégation la plus complète pour le bien public.

Parmi ces expériences publiques et sur une grande échelle, nous ne citerons que celle qu'il fit en 1856, sur le domaine de MM. Genson à Béziers; expérience que nous annonçâmes dans l'*Indicateur* en mai, avant qu'elle ne fût commencée, pour engager tout le monde à la suivre ; nous en publiâmes les phases pendant trois mois. Le résultat en fut que sur 58 hectares de vigne, les MM. Genson réalisèrent pour *cent cinquante mille francs* de vin, sur un domaine où, de leur aveu, ils n'auraient eu qu'une récolte négative.

Les actes de dévouement de tous les genres que nous venons d'indiquer, qu'il a accomplis depuis 1852, sont innombrables, et leur plus grand mérite est qu'il les a accomplis pendant quatre ans avant que la première application du soufre en grande culture fût faite à Montpellier; car les premières tentatives, en corps de domaine, n'y furent faites qu'en 1855, et le mémoire couronné, publié en août 1855, ne put rendre compte du résultat puisqu'il n'était pas encore connu. Ce résultat n'a donc pu exercer de l'influence que sur la récolte de 1856, et alors les succès de la *méthode préventive* étaient tellement répandus, que, corroborés et rendus patents par les expériences publiques en 1856, elle a été presque généralement adoptée dans tout le département.

On peut donc dire que presque tout le vin qui a été sauvé du fléau depuis 1852 jusques en 1856, l'a été par le dévouement de M. Laforgue, et aussi, il faut bien le dire, par nos publications hebdomadaires continuelles depuis 1854. — Or, ces quatre années étaient celles des prix fabuleux. — Les publications de 1855 n'ont pu influer que sur une seule de ces années merveilleuses, celle de 1856.

Si l'on suppute les nombreuses communes entières qui ont fait dans ces quatre ans des fortunes inouïes, à peine croyables ; si l'on considère, d'après l'observation aussi juste que profonde de M. Cazalis-Allut, qu'on aurait pu sauver trois récoltes et que trois récoltes du département de l'Hérault, calculées seulement à 25 fr. l'hectare, auraient produit *deux cent vingt-cinq millions* de francs ; si l'on considère encore que pendant ces quatre années le vin ne s'est pas vendu à 25 fr., mais à 50, 60 et 70 fr. l'hectolitre, on aura une idée des innombrables millions que le dévouement de M. Laforgue et le nôtre ont fait entrer dans le département, dans le midi et à l'étranger, partout où l'on a profité de nos enseignements et de nos conseils.

Des faits d'un intérêt aussi grave pour l'agriculture, pour le consommateur et pour l'Etat, valaient assurément bien la peine d'être officiellement signalés. Les hommes qui font gagner à leurs concitoyens des centaines de millions avec un dévouement désintéressé ne sont pas si communs qu'on doive ne pas les donner pour exemple dans ce siècle d'égoïsme.

Voilà pour la préservation : mais il est des découvertes d'un intérêt aussi grand, nous devrions dire plus grand encore, puisqu'ils sont d'un prix inestimable pour l'agriculture générale, qui sont dues à nos soufreurs préventifs. En premier lieu, la propriété qu'a le soufre de faire réussir la fructification du fruit et de le préserver de la coulure. Voilà trois ans que nous l'avons signalée, que nous avons dévoilé les succès de nos amis qui, ayant soufré des vergers sur notre indication, obtinrent un succès excessif, on peut le dire, car les arbres ployaient sous trop de fruit, une année où la récolte était presque nulle dans la contrée. Depuis deux ans nous avons signalé cette opération comme la condition *sine quâ non* du succès par le soufrage préventif. Cette propriété, scientifiquement constatée par les belles expériences pratiques de M. Cazalis-Allut en 1856, qui déclara en adopter désormais la pratique quand même, a reçu une consécration bien plus forte en 1857 par la masse des faits généraux. On a en effet remarqué l'an dernier, la coulure ayant été considérable, que toutes les vignes soufrées pendant la floraison en étaient exemptes, tandis que celles non soufrées à cette époque en avaient beaucoup souffert.

Si on eût fait connaître cette précieuse propriété du soufre aussitôt que nous l'avons divulguée, depuis deux ans une très grande quantité de raisins auraient été préservés de la coulure, et des masses de vin qui ont été perdues auraient été sauvées pour la consommation générale.

On savait depuis longtemps que le soufre donne de la vigueur aux pampres et aux parties vertes de la vigne, mais personne n'avait remarqué son action merveilleuse sur la production du bois et sur la croissance des végétaux.

En 1853, on conseillait de supprimer le cépage de *Carignan*. M. Laforgue, pour montrer qu'il ne craignait pas plus ce cépage que tout autre, en fit précisément cette année une plantation nouvelle de dix hectares.

Il eut l'idée de soufrer préventivement ces jeunes plants comme ses autres vignes, pour juger de l'effet du soufre sur la végétation. Cette expérience a été poursuivie avec un soin scrupuleux depuis lors chaque année. Le résultat a été un prodige.

A la troisième feuille, la récolte payait déjà les travaux ; à la quatrième, en 1857, la récolte fut de 84 hectolitres par hectare, trois ou quatre fois plus forte que celle des vignes jeunes, dans le même terrain, à l'âge de huit ans.

Ce fait, annoncé par nous longtemps à l'avance, que nous avons convié le public à vérifier, a été en effet constaté sur place par d'innombrables visiteurs, parmi lesquels de très honorables magistrats de Montpellier.

De cette expérience en grande culture, la seule qui ait été faite en ce genre, avec intention spéciale, dans le monde entier ; de ce fait existant depuis cinq ans, d'une portée immense, non seulement pour la viticulture, mais pour l'agriculture universelle, puisqu'il s'agit de diminuer de moitié le temps que les arbustes mettent pour être en plein rapport, on n'en dit pas un mot ; nous n'avons pour le faire connaître que notre faible voix, notre modeste publicité.

Nous aurions beaucoup plus à dire, mais ce qui précède suffit pour bien montrer si ce mutisme, au sujet de faits d'une aussi grande gravité, est regrettable pour le bien public.

Ces écrits, auxquels on renvoie, renferment donc des doctrines mauvaises et dangereuses pour ceux qui les suivront.

Voilà les incertitudes, les complications, les dangers qu'on oppose à la *méthode préventive*, que nous avons amenée au plus haut degré de certitude et de simplification pratique possible, par laquelle nous sommes parvenus à vaincre sûrement, radicalement le fléau, en supprimant pour ainsi dire toute dépense.

Nous en sommes venus à ce point de simplification, que

nous ne nous occupons que pendant cinquante jours de ce redoutable fléau qui, douze ans durant, a occupé tous les savants et épouvanté le monde entier.

Nous commençons nos trois opérations le 20 mai, et, après les avoir terminées au 10 juillet, nous enfermons nos soufroirs avec certitude normale d'avoir notre récolte sauvée complètement, quelles que soient les invasions qui désolent nos voisins.

Par la méthode proposée, on n'est jamais sûr de réussir, on ne peut jamais réussir complètement en cas d'invasions caniculaires.

On convient être obligé de faire quatre ou cinq soufrages. — Nous n'en faisons normalement que trois dont l'effet est infaillible.

On récolte du vin ordinairement empesté de goût de soufre. — Le nôtre n'en a pas.

En soufrant en juillet et en août, on ne profite nullement des propriétés merveilleuses du soufre comme engrais ou comme favorisant la fructification. Et c'est ici que nous pouvons dire que nous avons presque supprimé, en fait, toute dépense.

Les frais du soufrage préventif sont, en effet, compensés par les merveilleux résultats de l'agent sur la végétation et sur la floraison. Si nous avons supprimé l'opération d'avril, c'est, il faut bien le dire, pour faire à regret un sacrifice à cette détestable tendance à l'économie apparente dont on faisait une arme contre nous. Nous n'en sommes pas moins convaincus que cette opération supplémentaire donnerait du profit, au lieu de perte, comme nous le sommes que quand il n'y aura plus d'oïdium, on emploiera pour l'agriculture beaucoup plus de soufre qu'aujourd'hui.

En résumé, les résultats infaillibles, complets, absolus, de la méthode préventive, sont démontrés et prouvés par l'expérience sur une échelle immense, dans le Midi, pendant six années consécutives ; par les rapports des deux commissions scientifiques de Toulouse, par les succès merveilleux qu'elle a produits en Espagne. — Tout ce qui tend à détourner les propriétaires de cette voie, la meilleure et la plus sûre connue, est donc dangereux et funeste pour l'agriculture, pour le consommateur, pour l'État.

Nous terminerons par une considération frappante. Dans les bulletins de la société centrale d'agriculture, auxquels la réponse nous renvoie, nous lisons un passage de M. Marès, où il fait un tableau saisissant de la détresse de la commune de *Frontignan*. Cette commune, si intéressante par l'excellence de ses produits, a été ruinée par la perte de six récoltes successives et par les travaux inutiles de ces six années, au point que les habitants y étaient réduits à s'expatrier.

Si, au lieu de dédaigner et de repousser avec acharnement les promoteurs de la méthode préventive, on eût appelé M. Laforgue à Frontignan, seulement en 1854, il y aurait fait ce qu'il a fait chez les messieurs Genson et chez d'innombrables propriétaires de grands et petits domaines, depuis cinq ans, et toujours avec le désintéressement le plus absolu. — Il aurait dirigé avec le plus grand plaisir les soufrages de toute la commune.

Frontignan, comme les messieurs Genson et les autres, aurait eu trois récoltes merveilleuses qui en auraient valu *trente*, attendu que, pendant ces trois années successives, le prix normal du vin était décuplé.

Si on y avait perdu, de 1851 à 1853, trois récoltes, on

aurait eu, en 1856, vingt-sept récoltes de profit, c'est-à-dire doublé et triplé sa fortune, et c'est ce qui est arrivé à tous ceux qui ont suivi nos conseils depuis l'origine.

Des centaines de millions n'auraient pas été perdus dans le département et dans tout le Midi, et des milliards dans la généralité des vignobles.

On dira, nous le savons, que la hausse n'aurait pas été aussi excessive, mais il est évident que les pertes immenses et incalculables dont nous venons de faire apprécier le chiffre n'ont pas moins été réellement supportées, soit par les propriétaires qui n'ont pas soufré ou qui ont suivi de mauvais conseils, soit par les consommateurs par la cherté excessive, soit par l'État par la diminution des droits perçus.

Et tout cela, indépendamment des grandes perturbations commerciales et territoriales qui en ont résulté, et des privations hygiéniques qui ont été endurées par les classes peu fortunées.

Nos efforts acharnés pendant quatre ans avaient donc un but bien plus grave et bien plus grandiose qu'on ne l'a cru ; et la méthode préventive, qui eût conjuré certainement ces grands malheurs publics, valait bien la peine d'être prise en considération.

EXAMEN

DU

BULLETIN DE LA SOCIÉTÉ D'AGRICULTURE.

Bien que le Bulletin de la Société d'Agriculture de Montpellier, pour les mois de janvier et février 1858, qui vient de paraître, renferme des doctrines et des faits qui semblent en opposition avec les doctrines et les faits contenus dans tout ce qui précède, nous insistons plus fortement que jamais, sur l'exactitude la plus scrupuleuse de tout ce que nous y avons] avancé, qui pourra être vérifiée par la moindre enquête ou par les moindres renseignements qu'on voudra bien prendre. C'est pourquoi nous croyons devoir placer ici l'examen sommaire de ce Bulletin que nous venons de publier aussitôt qu'il nous est parvenu.

Le Bulletin de la Société d'Agriculture de Montpellier vient de paraître, il comprend les séances de janvier et de février. Ce document était vivement attendu par les agriculteurs au moment où la vigne pousse avec des symptômes d'oïdium sur les rosiers et sur les bourgeons de la vigne épars ; malheureusement, ils n'y trouveront pas cette unité de doctrines et de résultats qui peut seule fixer définitivement l'opinion.

Six membres ont exposé le résultat de leurs expériences et de leur pratique en 1857, il n'y a qu'un seul fait saillant sur lequel ils ont été unanimes, c'est qu'ils ont tous soufré aux époques de la méthode préventive. Aucun n'a coupé les ceps oïdiés, ni suivi d'autres prescriptions qui sont entre les mains des vignerons et qui leur avaient été jusqu'à ce jour recommandées ; aucun n'a attendu les invasions de juillet, qui ont fait perdre énormément de vins dans nos contrées.

Si nous n'avons pas le nom, nous avons donc la chose et c'est le principal.

Certains disent avoir réussi avec deux soufrages, mais aucun n'a spécifié la valeur de ce mot réussi, n'a dit si ses vendanges étaient absolument exemptes de raisins gâtés, ce qui est le point capital. — On peut réussir à sauver trois ou quatre raisins sur cinq. — Nous les sauvons tous.

M. Cazalis-Allut, renommé cette année président, après ses expériences de 1857, se prononce plus que jamais pour les soufrages de mai en juillet, de manière à ce qu'ils soient terminés 15 ou 20 jours avant la véraison Il n'a pu réussir à complètement guérir des vignes envahies plus tard. — A la bonne heure, voilà qui est net et clair. — C'est tout notre système.

Les expériences qu'il a faites quant à la floraison et à la végétation le portent à croire que le soufre n'a pas d'influence sur ces phases de la vigne. Cela tient-il à ce qu'on a mal opéré, à l'instrument? Ce qu'il y a de certain, c'est que cette opinion est en contradiction flagrante avec les observations faites depuis six ans par M. Laforgue et par tous les soufreurs préventifs sur une immense échelle, avec les rapports des deux commissions scientifiques de Toulouse sur l'état des vignobles dans tout le ressort de la Haute-Garonne, enfin avec d'innombrables expériences et pratiques que nous avons signalées depuis longtemps ; car depuis deux ans le soufre comme engrais et favorisant la floraison est entré dans la pratique usuelle et employé par d'habiles horticulteurs et vignerons avec succès (1).

M. Cazalis-Allut, pour les lumières et la bonne foi duquel nous professons la plus haute estime, peut, sans se déplacer, s'édifier sur ce point. Il n'a qu'à visiter les vignes du domaine de la Rode, près Celleneuve, dans la banlieue de Montpellier. Il y verra des ceps qui étaient en 1856 à l'état le plus pitoyable possible, longs de 15 à 30 centimètres, où l'on ne vendangeait plus depuis trois ans, qu'on allait arracher. Traités en 1857 par notre méthode, ils ont donné des sarments prodigieux en grosseur et en longueur, dont beaucoup mesuraient trois mètres ; bien plus beaux qu'on ne les ait jamais vus avant 1850, même après les plus fortes fumures.

Il n'a qu'à consulter M. Capelle, conseiller à la cour impériale, M. Cavalier, conseiller en retraite, M. De Mirement, qui ont *vu*, comme douze ou quinze cents autres proprié-

(1) Les deux rapports des commissions de Toulouse signalent la végétation luxuriante et tout à fait exceptionnelle de *toutes* les vignes soufrées préventivement.

Voici ce que nous a écrit, le 4 avril dernier, M. Francisco Pla, viticulteur intelligent de Reus (Espagne), qui, sur nos instructions, a complètement sauvé ses récoltes depuis deux ans, au milieu d'un vignoble anéanti par la maladie :

« Es tanta la fé que ahora tengo, que aun que désaparenira el oïdium, yo tambien daria una azufrada temprana à las viñas, porque ho observado que todos los racimos azufrados antes de la florecencia dan major cosecha y, en el tempio de esporgas, no arrajan tantos granos como los no azufrados, aunque no tengan la enfermedad. »

« Ma foi au soufre est si grande, que, lors même que l'oïdium disparaîtrait, je n'en soufrerai pas moins préventivement les vignes, parce que j'ai observé que tous les raisins soufrés avant la floraison donnent meilleure récolte, et, au moment du dépouillement de la fleur, ne perdent pas autant de grains que ceux qui n'ont pas été soufrés, lors même qu'ils n'auraient pas la maladie. »

Ce ne peut être plus explicite. On voit donc que nos observations ne sont pas purement locales : elles sont les mêmes dans tous les climats, en France et à l'étranger.

A. V.

taires, les merveilles, que nous avons signalées, des plantiers de M. Laforgue plantés en 1853 et soufrés exprès, depuis, chaque année. Ces messieurs nous disaient à leur retour de cette visite : « pour tant que vous en disiez, vous n'exagérerez jamais, c'est miraculeux. » (Textuel). Cette masse immense de résultats authentiques ne peut donc provenir que de la vertu du soufre comme engrais. — Ce ne sont pas des opinions, ce sont des faits, et il serait déplorable de ne pas profiter de cette merveilleuse propriété du soufre faute de les connaître.

On n'a pas pu expliquer encore, il est vrai, par quelle combinaison chimique le soufre devient un engrais très puissant. Mais son action merveilleuse sur ce point n'en est pas moins un fait incontestable.

Tous les rapports intéressants du bulletin parlent des quantités de poudres diverses employées. M. Cazalis-Allut a employé 85 kil. par hectare pour trois soufrages, d'autres qui n'en ont fait que deux, assurent avoir réussi avec 42 k. et blâment ceux qui ont employé de bien plus fortes quantités. Sans doute, il y en a qui ont exagéré, mais il faut dire aussi que cette prodigalité provenait de leur désir de réussir. Ils étaient au désespoir de n'avoir pu manger de raisins depuis 3 ou 4 ans; une fois convaincus, ils voulaient réussir à tout prix. Leur ardeur pour le soufrage préventif était telle, qu'il y en a qui l'ont poussée jusqu'à soufrer les souches avant que le bourgeon parût. (Historique).

Mais il ne faut pas trop en rire, car en fin de compte ils ont réussi ; ils ont eu tous des vignes d'une végétation presque miraculeuse et des raisins sains comme il y a dix ans. Si on supputait les sommes immenses que ceux qui les blâment aujourd'hui ont perdues depuis cinq ans pour n'avoir pas soufré ou avoir mal soufré, les rieurs ne seraient pas du côté des économes. Nous reviendrons sur ces questions.

Il faut courir aujourd'hui au plus pressé, le sublimé et le trituré qui ont été, avec l'économie des soufrages, la principale préoccupation des mémoires et notices de ce bulletin. Nous avons toujours dit que cette question et celle de l'instrument étaient pour nous fort accessoires. L'essentiel est de guérir, de préserver les raisins sûrement, radicalement. — Pour ce qui est de l'économie, on est bien assuré que les propriétaires se laisseront persuader bien plus facilement que si on leur conseillait des dépenses préalables, quelque beaux résultats qu'on leur promît.

LE TRITURÉ ET LE SUBLIMÉ.

Les six mémoires contenus dans le *Bulletin* sont très divisés sur cette question très importante dont la solution positive est une des principales nécessités du moment, et pourrait, croyons-nous, être péremptoirement tranchée. M. H. Marès l'a traitée spécialement dans un travail étendu où il a fait encore preuve de ses connaissances en chimie, de la netteté substantielle de son talent d'écrivain, et de la grande habileté qu'il met toujours au service des causes qu'il défend ; qualités précieuses que nous reconnaissons plus que tout autre, mais qui sont d'autant plus regrettables quand ces causes sont mauvaises, et c'est encore ici le cas. M. Marès se prononce plus que jamais pour le sublimé; on sait que depuis deux ans, et il y a huit jours encore, nous nous sommes nettement prononcés pour l'opinion contraire, il faut donc que nous démontrions les erreurs matérielles et évidentes de l'argumentation de M. Marès, si nous ne voulons pas paraître avoir posé des axiômes irréfléchis et ridicules.

Abrégeons les détails. La poudre du soufre trituré adhère et produit le même effet que le sublimé, c'est incontestable, et M. Marès en convient lui-même. Point de difficulté donc sur ce point. Allons droit à la question d'économie que l'auteur fait dépendre uniquement de la division des poudres. Pour en faire la preuve, il établit un tableau d'expérience, publié il y a un an dans son manuel, d'après lequel, avec 20 kilos en poids, de poudres diverses, il a soufré :

Avec le soufre brut trituré	2,450 souches.
Avec le sublimé de Marseille	3,769
Avec le sublimé de Montpellier	5,220

A ce tableau il en ajoute trois autres, pour des expériences faites en 1857 et qui faites de la même manière devaient nécessairement donner les mêmes résultats.

Puis il conclut en disant qu'il lui a fallu deux fois autant de trituré que de sublimé; en supputant le prix des deux poudres il prétend que la première l'a mis en perte de 10 fr. par hectare.

Ces conclusions sont évidemment fausses. Voici les déductions les plus simples, les plus naturelles qu'il fallait d'abord tirer, croyons-nous, de ces tableaux :

1° L'égalité d'effet des poudres étant incontestable, il est évident que les 5000 souches soufrées avec le sublimé de Montpellier sont moitié moins soufrées que les 2500 soufrées avec le trituré.

2° L'instrument dont on s'est servi débite trop de trituré ou pas assez de sublimé.

Ces déductions si simples auraient expliqué bien des grandes vérités que le bulletin que nous examinons prouve n'être pas assez comprises. Elles auraient fait comprendre comment les soufrages généreux produisent toujours des effets sûrs, énergiques et complets, tandis que les soufrages parcimonieux exposent à des succès incomplets ou à des non réussites ; d'où cet axiome incontestable : *que le soufre en poudre rend des services proportionnels à la largesse de son emploi et non à la division infinitésimale et à la dispersion extrême de ses molécules.*

Elles auraient démontré comment les soufreurs préventifs, avec d'autres instruments, ont obtenu des effets prodigieux sur la végétation, constatés partout authentiquement, ce qui aurait évité de nier cette incontestable propriété de ce précieux agent.

Elles auraient enfin averti l'auteur de la grave erreur de ses conclusions.

M. Marès a employé le soufflet ; nous avons déjà expliqué les avantages et les vices de cet instrument. Le soufflet est bon pour les soufrages de juin, pour les arbres, pour les arbustes et les plantes, c'est-à-dire partout où l'on ne peut atteindre avec la boîte et partout où une surface suffisante peut profiter utilement du nuage qu'il chasse. Ce domaine est bien assez vaste. Mais partout où l'application du soufre doit être faite sur des surfaces réduites, comme sur les pousses en primeur ou lorsqu'il s'agit de soufrer seulement les raisins, cet instrument est détestable. Nous en avons déjà donné précédemment la preuve physique, nous y revenons pour qu'il ne puisse pas rester de doute dans les esprits.

Soufrez au soufflet, fin avril, une vigne en espalier adossée à un mur ; autour de chaque bourgeon soufré vous verrez le soufre collé au mur sur une surface de 15 à 20 centimètres de diamètre. Or, comme le bourgeon ne présente pas plus de surface qu'une asperge, il en résulte que les dix-neuf vingtièmes environ du soufre répandu l'ont été inutilement.

L'effet est absolument le même en plein champ, seulement le mur n'est plus là comme témoin irrécusable.

Nous avons déjà dit maintes fois que M. Laforgue et d'autres soufreurs préventifs intelligents n'emploient pas plus de trituré qu'autrefois de sublimé et qu'à poids égal leurs succès complets sont toujours les mêmes. M. Marès dit, en s'appuyant sur ses tableaux, qu'à effet égal, il faut le double de trituré.

Nous admettons que nos assertions et la notoriété publique ne soient pas crues, puisque nous n'avons aucun moyen d'en faire des pièces officielles ; mais il est un contradicteur et un témoignage que l'auteur ne récusera pas.

M. Bouscaren, son collègue, son voisin de terre, a fait aussi des expériences sur les diverses qualités de poudres, il en a fait aussi le tableau dans son rapport inséré dans le même bulletin, et voici ce qu'il a dépensé de kilogrammes de soufre PAR HECTARE et pour deux soufrages seulement.

En sublimé, 108 kil. ; en canon épuré, 100 kil. ; en soufre brut trituré premier choix, 99.

Il aurait donc dépensé plus de sublimé que de brut trituré, résultat qui concorde avec celui de nos habiles soufreurs préventifs, et il ajoute qu'à *Gigean*, depuis 1854, tout le monde a abandonné le sublimé pour le trituré, qu'il est le seul qui se soit servi cette année du premier pour faire ces expériences.

Voilà donc pour la pratique. Au point de vue théorique, l'erreur de M. Marès nous paraît encore plus grande. Il insiste sur la division moléculaire en faveur du sublimé et prouve par un tableau d'expériences faites sur onze diverses qualités de soufre, les différences énormes qu'elles présentent pour le poids et le titre à l'appréciateur-Chancel.

Ce tableau très précieux pour notre thèse prouve toutes les fraudes et les vices de fabrication des poudres répandues dans le commerce. Voilà justement le gâchis scandaleux que nous voulons faire disparaître depuis deux ans ; et, pour y arriver, il n'y a d'autre moyen que de ramener les poudres à un type uniforme et unique : au soufre brut.

On sait que ce type n'est que du soufre pur déjà fondu, mais qui contient environ un dixième de matières étrangères que le liquide tenait en suspension.

On insiste sur la plus grande pureté du raffiné et du sublimé. Mais qu'ont à faire de cette pureté les agriculteurs qui doivent jeter la poudre? — Les neuf dixièmes sont du soufre pur et produiront leur effet, qu'importe que le dixième restant soit inutile?

MM. Marès et Cazalis disent avoir obtenu quelques bons effets de la poudre *Fonta,* composée de neuf parties de terres inutiles et d'une partie seulement de soufre; on doit penser l'effet énergique qu'on obtiendra avec neuf dixièmes de soufre pur.

Tout raffinage quelconque est donc parfaitement inutile et est une grande perte pour le propriétaire. En voici la preuve évidente :

On sait que toute refonte du soufre, serait-il d'une pureté parfaite, produit par l'action du feu un déchet notable. Ce déchet fort inutile et celui du dixième terreux que l'opération fait disparaître, le raffineur les mettra bien au compte du propriétaire, ainsi que les frais énormes des ouvriers et de l'intérêt considérable du capital immobilier et mobilier de l'usine, il y ajoutera encore son bénéfice final et net, toutes choses parfaitement inutiles (1).

Tout raffinage est donc, disons-nous, une perte énorme pour le propriétaire ; mais les inconvénients ne se bornent pas là.

A effet et poids égaux, comme nous l'avons montré, le sublimé ne vaut pas le brut trituré pour l'énergie et parce qu'il contient de l'acide sulfurique très nuisible à la végétation, et qui va jusqu'à corroder et détruire tous les instruments de soufrage, même ceux qui sont en fer-blanc.

Tous les soufres raffinés, et le sublimé surtout, doivent donc être supprimés pour l'emploi agricole.

Aussi ne pouvons-nous nous expliquer comment M. Marès a pu faire l'apologie de cette inutile industrie.

En économie, les bras et les capitaux ne peuvent être occupés qu'à des travaux utiles qui accroissent la richesse générale ; tout travail inutile est une perte énorme pour la société, par les capitaux qu'il absorbe sans fruit, et par l'em-

(1) Ces frais généraux de la sublimation ne peuvent être moindres de 8 à 9 fr. par cent kilos de soufre, comme l'indique M. Payen, dans sa *Chimie industrielle*. En 1855-56, quand nous avons pour la première fois soulevé cette question et dévoilé ces mystérieux abus, la cupidité des usiniers portait ces frais jusqu'à 40 et 50 fr. par cent kilos, puisque le soufre brut valant alors 15 fr. les 100 kilos ils vendaient le sublimé 65 et 70 fr. les cent kilos, percevant ainsi un bénéfice usuraire d'environ 400 pour cent !...

Depuis notre croisade contre ces abus, ils ont successivement diminué, mais les fraudes se sont multipliées.

Aujourd'hui les frais de sublimation sont devenus presque normaux, le soufre brut trituré se vendant de 22 à 24 fr. les cent kilos, on vend le sublimé de 32 à 35 fr. ; ce qui n'est pas moins une perte *inutile* de cinquante pour cent pour les agriculteurs qui emploient du *sublimé ou fleurs de soufre* sur les recommandations trop généralement répandues en France et à l'étranger.

Sur la quantité immense de soufre qui s'emploie, c'est une perte annuelle d'innombrables millions imposée inutilement à la viticulture générale par l'obstination ou l'irréflexion.

A. V.

ploi déplorable des forces et de l'intelligence humaines qui pourraient être mieux et plus fructueusement utilisées.

Que dira-t-on si ce travail inutile a pour résultat des produits inférieurs aux produits simples et naturels ?...

En résumé, il faut donc à l'agriculture du soufre brut, pulvérisé autant que possible, et pas autre chose. C'est ce que nous soutenons depuis deux ans et nous ne concevons pas comment une vérité aussi évidente n'a pas été mieux comprise, de quelque plume obscure ou inconnue qu'elle sorte.

A. VIALLES.

TOULOUSE. — TYPOGRAPHIE DE BONNAL ET GIBRAC

www.ingramcontent.com/pod-product-compliance
Ingram Content Group UK Ltd.
Pitfield, Milton Keynes, MK11 3LW, UK
UKHW021818190726
13853UKWH00003B/1054

9 782329 570198